EAUX MINÉRALES

ACIDULES, GAZEUSES, BICARBONATÉES SODIQUES

DE

VALS

Les Eaux de Vals sont certainement les plus riches qu'on connaisse en bicarbonate de soude; elles ne le sont pas moins en acide carbonique.

Elles sont remarquables par leur composition qui les rapproche des Eaux de Vichy, et assigne à ces deux stations une place à part parmi les bicarbonatées sodiques.

DURAND-FARDEL,
Traité thérapeut. des Eaux min., page 165,
Dictionnaire des Eaux minérales, art. *Vals*.

Il ne saurait être indifférent qu'une eau minérale soit gazeuse ou non, et, à circonstances égales, nous donnerons la préférence à une eau acidule gazeuse sur celle qui ne le serait pas.

PÉTREQUIN ET SOCQUET,
Traité général des Eaux minérales, page 183.

L'influence que les Eaux de Vals exercent sur les fonctions digestives, dès que l'on commence à en faire usage, est des plus remarquables, et ses effets sont si prompts qu'on pourrait dire, sans exagération , qu'ils présentent quelque chose de merveilleux.

DUPASQUIER,
Guide pratique des Eaux de Vals. page 19.

PARIS

TYPOGRAPHIE EMILE VOITELAIN ET Cie

Rue J.-J.-Rousseau, 15

LITHOGRAPHIE DE LENDER, RUE COQUILLIÈRE, 22

EAUX MINÉRALES

ACIDULES, GAZEUSES, BICARBONATÉES SODIQUES

DE

VALS

Les Eaux de Vals sont certainement les plus riches qu'on connaisse en bicarbonate de soude; elles ne le sont pas moins en acide carbonique.

Elles sont remarquables par leur composition qui les rapproche des Eaux de Vichy, et assigne à ces deux stations une place à part parmi les bicarbonatées sodiques.

DURAND-FARDEL,
Traité thérapeut. des Eaux min., page 165,
Dictionnaire des Eaux minérales, art. *Vals.*

Il ne saurait être indifférent qu'une eau minérale soit gazeuse ou non, et, à circonstances égales, nous donnerons la préférence à une eau acidule gazeuse sur celle qui ne le serait pas.

PÉTREQUIN ET SOCQUET,
Traité général des Eaux minérales, page 183.

L'influence que les Eaux de Vals exercent sur les fonctions digestives, dès que l'on commence à en faire usage, est des plus remarquables, et ses effets sont si prompts qu'on pourrait dire, sans exagération, qu'ils présentent quelque chose de merveilleux.

DUPASQUIER,
Guide pratique des Eaux de Vals, page 19.

PARIS

TYPOGRAPHIE EMILE VOITELAIN ET Cie
Rue J.-J.-Rousseau, 15

LITHOGRAPHIE DE LENDER, RUE COQUILLIÈRE, 22

1864

Honoré Confrère,

Les échos de la presse parisienne nous informaient naguère que notre station thermale était appelée à l'honneur de recevoir l'Empereur.

Je ne sais ce qu'il peut y avoir de fondé dans cette assertion; mais j'ose dire que si cette bonne fortune lui était réservée, l'efficacité de nos eaux justifierait cette préférence.

Les Eaux de Vals sont connues du corps médical. Dans le midi de la France, particulièrement dans les départements qui avoisinent celui de l'Ardèche, il est peu de praticiens qui n'aient eu l'occasion d'en constater les propriétés remarquables. Toute publicité leur a été étrangère; ce n'est pas elle qui guérit : les Eaux de Vals doivent leur renommée aux cures qu'elles ont opérées, aux résultats dignes d'attention que mes confrères ont constatés.

Le plus grand danger des choses réellement bonnes, c'est l'exagération de leurs apologistes; et cependant, avec l'autorité que me donne une pratique consécutive de près de quinze années aux sources mêmes, j'affirme que les médecins qui n'ont pas expérimenté l'Eau de Vals ne peuvent soupçonner son action et les services qu'elle peut leur rendre dans la pratique.

J'ai à cœur de ne pas être taxé de partialité. Je cite des

publicistes éminents. J'ai trouvé dans Dupasquier, Pétrequin et Socquet, Herpin, Patissier, Bouchardat, etc., etc., des appréciations aussi impartiales que complètes. Les praticiens ne sauraient trouver de meilleurs guides dans l'emploi journalier qu'ils peuvent avoir à faire des Eaux de Vals. Ce ne sont pas des voix intéressées qui parlent, c'est la voix de la science pure et d'une expérience consommée; c'est, pour ainsi dire, la voix du corps médical lui-même.

Recevez, Monsieur et honoré Confrère, l'expression de ma plus haute considération.

TOURETTE,

D^r. M., à Vals (Ardèche).

EAUX MINÉRALES

ACIDULES, GAZEUSES, BICARBONATÉES SODIQUES

DE

VALS

(Ardèche)

———✦———

Vals est située à l'entrée d'une vallée délicieuse, sur les bords de la Volane, à 3 kilomètres d'Aubenas, à 20 kilomètres du chemin de fer de Lyon à Marseille, stations de Privas ou de Montélimar.

La commune de Vals offre, dans son vaste périmètre, une variété de sites d'une grâce, d'une fraîcheur, d'une beauté dont les Pyrénées, les Alpes, la Suisse même seraient jalouses. Ici circule un air libre et pur au milieu d'un riant paysage. La vallée, formée de riches prairies arrosées par la Volane, a un caractère tout particulier d'originalité pittoresque, caractère que rendent plus remarquable encore plusieurs cônes volcaniques surmontés de cratères éteints.

Vals jouit d'une richesse générale due à la culture du mûrier, qui fait l'occupation unique de ses habitants ; aussi trouve-t-on en abondance tout ce qui peut assurer le confortable de la vie, et en particulier ce qui est nécessaire aux exigences d'une table recherchée : de la volaille, du gibier, d'excellentes truites, un laitage parfait, des fruits exquis, etc., etc.

Suivant une tradition transmise et perpétuée, les sources de Vals furent découvertes en 1602 par un nommé Brun Martin, pêcheur de profession. Leur usage le guérit d'une maladie dont on nous laisse ignorer la nature.

En 1609, un illustre et savant président du parlement de Grenoble, Claude Expilly, qui, un an auparavant, avait subi l'opération de la *taille*, craignant la reproduction de son affection calculeuse, se rendit à Vals, dont les Eaux le guérirent d'une manière aussi prompte que radicale. Pour payer son tribut de reconnaissance, il fit imprimer une notice et deux pièces de vers (1) dans lesquelles il exagère sans doute l'efficacité des sources de Vals, mais qui prouvent leur naissante réputation.

En 1657, le docteur A. Fabre fit paraître le premier travail qu'on ait fait sur les Eaux de Vals. Le travail du docteur Fabre contient des observations justes, des aperçus ingénieux ou pleins d'originalité.

J'ai sous les yeux des lettres adressées au sieur Champanhet, fermier des Eaux de Vals, par de hauts personnages de la cour de Louis XV; entre autres par le cardinal de Fleury, le comte de Cossé, le marquis de Rouillé, etc., etc.; ces lettres constatent que le port de 12 bouteilles d'Eau de Vals, rendues à Versailles, était de 71 livres 2 sols!!!

Les temps sont bien changés! Aujourd'hui, à Paris, 12 bouteilles coûtent 6 francs! Là se borne l'histoire, deux fois séculaire, des sources de Vals.

Toutes les Eaux minérales de Vals sont froides, claires, limpides, onctueuses au toucher, d'une saveur alcaline, d'un goût aigrelet, piquant, qui plaît, qu'elles doivent à la prédominance du gaz acide carbonique dont elles sont surabondamment chargées, et qui se dégage de la source en grosses bulles qui viennent éclater à la surface du liquide.

Il résulte des nombreuses expériences faites dans toutes les saisons de l'année et à des époques éloignées par plusieurs inspecteurs, notamment par MM. Tailhand et Ambry, et par M. Dupasquier, que la température des Eaux de Vals, constamment invariable pour chaque source en particulier, est la même pour toutes, car elle ne varie que de 13 à 15 degrés centigrades.

Elles jouissent du précieux avantage de pouvoir être transportées à de grandes distances sans éprouver d'altération; *elles se conservent indéfiniment.*

Il suffirait, pour donner une idée de l'importance des Eaux de Vals, de citer les chimistes distingués qui se sont occupés de leur analyse; je me bornerai à indiquer Longchamp, Berthier, Alibert,

---

(1) Claude Expilly, conseiller du roi au parlement de Grenoble, subit l'opération de la taille à quarante-sept ans, et il mourut vingt-huit ans après son retour de Vals.

Aran, Guibourt, Dupasquier, Brun, Chevalier, Dorvault, O. Henri, Bouis, etc., etc.

D'après ces habiles chimistes, les Eaux minérales de Vals sont alcalines, acidulées, gazeuses et ferrugineuses ; leur action est complexe ; elles se rapprochent sensiblement des Eaux de Vichy, mais l'acide carbonique qu'elles contiennent en plus grande abondance les rend plus légères et d'une ingestion plus faciles que ces dernières.

Le tableau suivant rendra cette indication plus évidente à tous les yeux (1).

ANALYSE PAR M. O. HENRI

	Saint-Jean	Précieuse	Désirée	Rigolette
Acide carbonique libre........	0,425	2,218	2,145	2,095
Bi-carbonate de soude.........	1,480	5,940	6,040	5,800
— de potasse.......	0,040	0,230	0,263	0,263
— de chaux........	0,310	0,630	0,571	0,259
— de magnésie.....	0,120	0,750	0,900	
	Manganèse	Manganèse	Manganèse	Manganèse
— de fer..........	0,006	0,010	0,010	0,024
— de lithine........	indice	indiqué	indice	indiqué
Chlorure de sodium..........	0,060	1,080	1,100	1,200
Sulfate de soude et de chaux...	0,054	0,185	0,200	0,220
Silicate et silice.............	0,070	0,060	0,058	0,060
Alumine, phosphate ter.......	0,011			
Iodure alcalin..,..............	indice sensible	indice	indice	traces
Arsenic ou arseniate..........	indice	indice	indice	traces
Matière organique............	peu	peu	peu	peu
	2,151	8,885	9,142	7,826

Donnons ici l'opinion de l'éminent chimiste Dupasquier.

« Si l'on jette les yeux sur le tableau présentant les résultats de l'analyse chimique, dit-il, et si l'on considère quels sont les principes qui dominent dans la composition de ces sources minérales, on arrive, *à priori*, nécessairement à cette conclusion qu'elles doivent *agir très-énergiquement sur l'appareil digestif*, qu'elles sont

(1) Une observation importante doit être consignée ; nous nous occupons de sources qui sont exploitées et dont les Eaux sont exportées ; il est encore d'autres sources qui ne sont pas exploitées ou dont les captages laissent à désirer. Mais, on le voit par le tableau ci-dessus, les sources qui vont faire le sujet de cette étude sont nombreuses, puissantes et riches ; leurs principes minéralisateurs, identiques au fond varient néanmoins en proportion pour chacune d'elles. Leur composition chimique permettra aux praticiens de graduer la médication.

très-propres à *ranimer son action physiologique*, dans les cas où cela peut être utile, et qu'elles doivent exercer une *action résolutive très-puissante sur les engorgements* des organes abdominaux, résultats de phlegmasies chroniques dont la durée a été plus ou moins longue.

« De ce même examen on arrive aussi à conclure que ces Eaux minérales doivent être *éminemment diurétiques*, et conviennent particulièrement dans les cas de *gravelle*, qui nécessitent l'emploi des boissons alcalines.

« Ces diverses propriétés, les Eaux minérales de Vals les doivent évidemment à l'acide carbonique dont elles sont saturées, à la proportion considérable de bicarbonate de soude qu'elles contiennent, au bicarbonate de chaux et au bicarbonate de magnésie, qui agissent dans le même sens et en adoucissent l'action.

« Le sulfate de soude et les autres sels neutres y sont heureusement en trop petite quantité pour lui communiquer une action purgative, et ne peuvent avoir d'autre résultat, même quand on boit une grande quantité d'eau minérale, *que d'exciter la sécrétion urinaire*.

« Le bicarbonate de fer n'y est pas en proportion assez grande pour déterminer une très-forte stimulation de l'organisme, mais cette proportion est cependant suffisante pour que cette eau soit très-propre *à combattre la débilité générale et à relever les forces épuisées* par de longues maladies, des chagrins prolongés, par de mauvaises conditions hygiéniques dans l'emploi des aliments, ou par toute autre cause : effet qui doit être favorisé par le *rétablissement de l'action digestive*, sous l'influence de l'acide carbonique et des bicarbonates alcalins. Ce même principe, le fer uni au manganèse surtout, associé comme il l'est à un grand excès d'acide carbonique, doit rendre enfin ces Eaux minérales éminemment utiles pour *provoquer*, quand il est difficile ou languissant, *le flux utérin périodique*, et pour le *ramener* à l'état *physiologique* quand il présente, comme on le remarque souvent, de l'irrégularité dans sa marche ou son abondance.

« En résumé, la composition des Eaux de Vals est des plus remarquables, soit par la nature des principes qui s'y trouvent en solution, soit encore par l'association de tous ces agents thérapeutiques, dans des proportions relatives qui *ne sauraient être plus convenablement établies*, et qu'on dirait avoir été calculés d'avance pour obtenir les meilleurs effets possibles, particulièrement dans les affections qui viennent d'être indiquées d'une manière générale. » (Dupasquier, *des Eaux de Vals*.)

La pratique médicale, ce criterium du praticien, a confirmé l'opinion de Dupasquier.

« Les Eaux de Vals, disent MM. Pétrequin et Socquet, s'emploient dans les débilités de l'estomac, l'ictère, les obstructions du foie et de la rate. Elles réussissent dans la chlorose, la leucorrhée, la gravelle rouge, le catarrhe de vessie : Alibert cite la guérison d'une hématurie ancienne; il les recommande dans le scorbut et les hémorrhagies passives. On en a retiré de bons effets dans les vomissements chroniques, l'aménorrhée par atonie, les fièvres intermittentes rebelles, etc., etc., etc. » (Pétrequin et Socquet, *Traité général et pratique des Eaux minérales*, page 30.)

« Les Eaux de Vals, dit avec autant d'autorité que de précision, un honorable et savant ex-inspecteur, M. Ruelle, les Eaux de Vals exercent une médication essentiellement tonique et conviennent généralement dans toutes les affections caractérisées par un état de faiblesse, de langueur ou d'atonie; elles agissent en donnant un surcroit d'activité à toutes les fonctions, principalement à la digestion, à la circulation et aux absorptions.

« Elles sont utiles dans les cas de débilité de l'estomac, dans l'aménorrhée, dans la chlorose, dans les phlegmasies chroniques., les engorgements du foie, de la rate, des reins, etc., etc. Elles sont également recommandées dans les affections des voies urinaires, gravelle rouge, catarrhe chronique de la vessie, etc., etc. »

Les Eaux de la *Saint-Jean, Précieuse, Désirée* et *Rigolette*, de Vals, sont principalement minéralisées (voir les analyses) par le *bicarbonate de soude, de chaux, de magnésie, de fer et manganèse et le chlorure de sodium* tenus en dissolution permanente par *un excès d'acide carbonique*. Eh bien! c'est cette constitution chimique qui rend les eaux de ces sources supérieures à celles de Vichy et à d'autres eaux journellement employées. Mais entrons dans les détails pour démontrer cette proposition.

« Le *gaz acide carbonique libre* que renferment les Eaux minérales alcalines les rend pétillantes et mousseuses, et leur donne un goût agréable. Si, à lui seul, il ne communique point aux Eaux alcalines les propriétés médicales qui les distinguent, il est néanmoins un auxiliaire très-utile ; il leur enlève la saveur salée ou alcaline peu agréable qu'elles auraient sans lui ; il leur transmet un goût acidule qui plaît et les fait rechercher, même pour l'usage de la table ; en outre, introduit avec elles dans l'estomac, il en facilite la digestion et en fait, comme on dit, des Eaux hygiéniques, légères, qui sont bien supportées, tandis que, sans lui, elles deviendraient lourdes et provoqueraient le dégoût. Ajoutons qu'il contribue aussi à calmer plus promptement la soif. — Il ne saurait être indifférent qu'une Eau minérale soit gazeuse ou non, et, à circonstances égales, nous donnerons la préférence à une Eau acidule gazeuse sur celle qui ne le serait pas. » (Pétrequin et Socquet, *Traité des Eaux minérales*, p. 183.)

D'après ces mêmes auteurs, voici les proportions de gaz acide carbonique que contiennent les sources de Vichy les plus usitées :

Sources de Vichy. — Hôpital, 1.067 ; Grande-Grille, 0,908 ; Lardy, 1,750.
Sources de Vals. — Précieuse, 2,218 ; Désirée, 2,145 ; Rigolette, 2,095.

(Analyse de M. Bouïs, chimiste de l'Académie de Médecine. M. Gobley, rapporteur, séance du 30 juin 1864.)

Ces chiffres ont une logique qui leur est propre.

En voici une preuve directe : « L'Eau alcaline de Saint-Alban ne produit plus le même effet lorsqu'elle est *plus ou moins privée de son gaz acide carbonique*. On en a la preuve dans les temps d'orage,… le gaz de la source se trouvant alors moins comprimé, s'échappe à gros bouillons, ce qui a pour effet de désacidifier l'Eau en partie, de la rendre plus saline et de lui donner un goût saumâtre *dont l'estomac ne se trouve pas aussi bien.* » (Nepple, *Journal de Médecine de Lyon*, 1843, IV, 34.)

Le docteur Lucas avait fait à Vichy la même observation que Nepple à Saint-Alban : « Dans les temps d'orage, dit-il, il faut boire les Eaux de Vichy avec précaution, car elles sont d'une digestion laborieuse ; elles causent un ballonnement du ventre incommode. »

« Les Eaux alcalines, disent MM. Pétrequin et Socquet, doivent surtout leur propriété digestive à l'acide carbonique dont elles sont plus ou moins saturées, à la proportion considérable de *bicarbonate de soude* qu'elles contiennent, ainsi qu'aux *bicarbonates de magnésie et de chaux*, auxquels il faut ajouter quelques sels alcalins. »

Nous allons examiner sommairement l'action de ces trois substances. Nous donnons ici un tableau comparatif qui, d'un coup d'œil, fera apprécier les différences notables qui distinguent les Eaux de Vals.

SOURCE DE VICHY

	HÔPITAL	LARDY	GRANDE GRILLE
Bicarbonate de soude.....	5.150	4.460	4.900
— de magnésie..	0.330	0.084	0.065
— de chaux	0.661	0.610	0.107
	0.991	0.694	0.172

SOURCE DE VALS

	PRÉCIEUSE	DÉSIRÉE	RIGOLETTE	ST-JEAN
Bicarbonate de soude.....	5.940	6.040	5.800	4.480
— de magnésie .	0.750	0.900	} 0.259	0.120
— de chaux	0.638	0.571		0.310
	1.380	1.471	0.259	0.430

Le *bicarbonate de soude* qui prédomine et se rencontre en grande abondance dans les Eaux de Vals peut être envisagé comme l'élément essentiel de leur action. Les propriétés thérapeutiques de cette substance alcaline, son action directe et puissante sur les phénomènes intimes de la digestion et en particulier sur les sécrétions gastriques, pancréatiques et biliaires, sont trop connues des praticiens pour que nous ayons besoin de faire ressortir ici son action résolutive : Nous nous bornerons à citer une règle que les savants auteurs du *Traité général et pratique des Eaux minérales* (page 4), ont été les premiers à formuler. « Les substances alcalines contenues dans les Eaux minérales, disent-ils, ne conservent leurs vertus thérapeutiques spéciales, c'est-à-dire en tant qu'alcalines, que dans un seul cas : c'est lorsqu'elles sont combinées à l'acide carbonique et à l'acide silicique; dans toutes les autres combinaisons elles les *perdent* complétement ou à peu près. »

Les sources la *Précieuse*, la *Désirée* et la *Saint-Jean* sont riches en *magnésie* et en *bicarbonate de chaux*. L'utilité de ces deux substances a été démontrée par Patissier : « L'association, en proportion suffisante des carbonates calciques et magnésiens dans les Eaux minérales en font, en général, des Eaux très-bien supportées, qui peuvent être prises en boisson à la dose de plusieurs verres par jour ; ce sont, en un mot, des eaux *très-amies de l'estomac*.....

Le *carbonate de magnésie* est préférable à la magnésie dans les cas de troubles gastriques, d'anorexie, de rapports aigus, à cause du dégagement d'acide carbonique. (Orfila).

Le *carbonate de chaux*, à faible dose et tenu en dissolution par un excès d'acide carbonique, passe à l'état de bicarbonate : il agit sur l'estomac comme le bicarbonate de soude qu'on place au premier rang parmi les substances propres à exciter l'action digestive. (Dupasquier, *Eaux de Sources.*)

Les carbonates de magnésie unis aux carbonates de chaux sont des plus utiles dans les affections chroniques de l'appareil biliaire : la boulimie, le pica, le pyrosis, toutes les irritations abdominales chroniques. (Patissier.)

La proportion de carbonate calcique magnésique qui modifie et tempère l'action des Eaux de Vals en fait, malgré leur riche minéralisation, des Eaux *légères douces et facilement digestibles*.

Eh bien ! les proportions que nous trouvons en sels de magnésie et de chaux dans la *Capricieuse*, la *Désirée* et la *Saint-Jean*, assurent à ces sources une supériorité marquée sur les Eaux de Vichy, car remarquons que l'Eau de Vichy la mieux tolérée par l'estomac est celle de l'Hopital, et si, presque dépourvue de gaz acide carbonique, elle est encore supportée, à faible dose, c'est aux sels de magnésie et de chaux qu'elle doit d'être plus facilement digérée, quoique notablement plus chargée de bicarbonate de soude que l'eau de la Grande Grille.

Dans les Eaux de la *Précieuse*, la *Désirée*, la *Saint-Jean* et particulièrement la *Rigolette*, le *carbonate de fer uni au manganèse* se rencontre en proportion suffisante pour combattre la débilité générale et relever les forces : mais ici se présente une question de la plus haute importance pour le praticien. « Bien qu'en général le fer existe à faible dose dans certaines Eaux minérales, sa propriété médicinale est cependant très-caractérisée ; tous les médecins inspecteurs s'accordent à dire que les *médicaments* ferrugineux sont beaucoup moins énergiques dans leurs effets que l'Eau ferrugineuse *prise à sa source même*,....,

A quoi tient cette énergie thérapeutique d'une Eau qui n'est minéralisée que par un ou deux centigrammes par litre? Nous pensons qu'il faut en partie en rechercher la cause dans l'extrême division sous laquelle existe le sel ferrique et en partie dans leur mélange avec un excès d'acide carbonique. — (Pétrequin et Socquet, p. 525.)

Consignons un fait facile à vérifier. Beaucoup d'Eaux minérales ferrugineuses qui ne sont pas à *basse température* ou qui ne contiennent pas un *excès d'acide carbonique* ne peuvent supporter le transport sans éprouver une notable déperdition. En effet, les sels ferriques s'attachent à la paroi de la bouteille, ou se forment en sidiments floconneux. Les effets thérapeutiques obtenus à distance sont loin d'être concordants avec ceux signalés par les médecins inspecteurs.

A ces deux points de vue comparons encore les Eaux de Vals à celles de Vichy.

EAUX DE VICHY

Hôpital......	Température 30°	Fer 0,006	Acide carbonique 1,067
Grande grille.	» 40°	» 0,004	» 0,908
Lardy.......	» 23°	» 0,031	» 1,750

EAUX DE VALS

Saint-Jean ...	Température 13°	Fer 0,006	Acide carbonique 0,425
Précieuse....	» 13°	.» 0,010	» 2,218
Désirée......	» 13°	» 0.010	» 2,145
Rigolette	» 13°	» 0,024	« 2,095

De ce tableau il résulterait que les Eaux de la source Lardy seraient plus martiales que celles de Vals... Il n'en est rien! mais laissons la parole aux savants auteurs qui se sont occupés d'hydrologie.

« Il faudra tenir grand compte des proportions de gaz acide carbonique libre, ainsi que de son degré de fixité ou d'adhérence, puisque c'est lui qui tient le fer en dissolution dans l'eau minérale et que ce métal se dépose à mesure que le gaz s'échappe. » (Herpin de Metz.)

« Il est certain que la combinaison du fer avec les acides crénique ou carbonique, imprime à ce métal une assez grande modification, que son action en paraît accrue, et que la digestion en est manifestement plus facile. Il est probable aussi que les sels et les autres principes constitutifs, en facilitant la dissolution du fer dans nos liquides, le rendent plus assimilable et augmentent l'étendue de son action. » (Patissier, rapport 1841, page 46.)

« Le meilleur véhicule du fer et du manganèse dans l'organisme c'est l'acide carbonique. » (Tampier, *Notice sur les Eaux
de Condillac.*)

Nous croyons aussi que l'association du bicarbonate de chaux
au fer aide puissamment à la médication martiale. » (Pétrequin
et Socquet, p. 102.)

De ce qui précède, la conclusion est facile à tirer. Nous nous
abstiendrons de tout commentaire.

L'*arsenic et l'iode* sont signalés en proportion infinitésimale
dans les Eaux de la *Saint-Jean*, la *Précieuse*, la *Désirée* et la
Rigolette de Vals par M. Bouïs, l'éminent chimiste de l'Académie
de médecine (séance du 30 juin 1864). MM. O. Henri, Brun,
Dupasquier, Dorvault, etc., etc., étaient arrivés à un résultat
identique. M. Chevalier est le seul chimiste qui ait trouvé dans
certaines sources de Vals du cuivre, *notablement*. Les nombreux
et habiles chimistes qui les ont analysées avant et après lui, n'ont
pu y découvrir un atome de cette substance.

L'*arsenic* est un médicament énergique..... Les Eaux qui
contiennent ce sel exercent une action spéciale et reconnue.
L'arseniate de soude, assure M. Dubois de Vichy, est un des modi-
ficateurs les plus puissants de l'économie; lorsqu'il existe à dose
infinitésimale. Barthez et Boudin le préconisent comme un excel-
lent anti-périodique dans les névralgies et les fièvres d'accès, et
par Fowler comme un moyen puissant de guérison des maladies
de la peau, du rhumatisme, de la syphilis, des exanthèmes et des
affections cancéreuses.

Bertrand fils et l'illustre Thénard reconnurent des traces de ce
sel (1 milligramme par litre) dans les Eaux du Mont-Dore; ils ne
doutent pas que ce sel arsénical ne communique à ces Eaux une
puissante action sur l'économie.

L'utilité de l'*iode* est aujourd'hui incontestée. « La matière médicale ne possède pas de modificateur plus puissant que ce métalloïde,
pour l'opposer à ce groupe nombreux de formes morbides qui relè-
vent du lymphatisme; et on ne peut nier non plus que dans bien
des cas il ne jouisse d'une efficacité réelle contre la diathèse scro-
fuleuse elle-même. » (Trousseau et Pidoux. *Thérapeutique* t. 1,
p. 257).

Mais ici nous ne discuterons pas la question de savoir l'efficacité
de l'arsenic et de l'iode à dose infinitésimale, nous croyons que

c'est à l'assimilation de tous les sels minéralisateurs à la fois qu'une Eau minérale peut, selon l'expression de Bordeu, *frapper à toutes les portes* et devenir utile dans un grand nombre de maladies.

Nous pensons que dans cette appréciation des Eaux de Vals, nous ne devons pas omettre le *chlorure de sodium*, dont on a signalé l'influence, à petite dose, soit sur la digestion (Boussingault), soit sur le sang (Denis), et dont M. Bouchardat a pu écrire : « Le chlorure de sodium dans la constitution du sang est d'une importance de premier ordre ; il contribue pour une large part à lui donner une densité qui est intimement liée avec les phénomènes d'endosmose qui sont continuellement en activité chez les animaux. Aussi ne peut-il faire défaut sans un dommage extrême, et les sels qui peuvent tenir sa place sont-ils très-restreints. » (Bouchardat, *Annuaire pour* 1854, p. 296.)

Le chlorure de sodium, s'il est donné à dose modérée, est absorbé et mêlé à nos humeurs ; une fois introduit dans l'économie, il exerce, sur la nutrition, une action remarquable qui a surtout été bien mise en évidence par les belles expériences de M. Boussingault (*Académie des sciences*, novembre 1846).

Ce célèbre agronome a constaté que des vaches laitières, nourries exclusivement avec des pommes de terre, n'ont pu supporter ce régime qu'autant qu'on y ajoutait environ 70 grammes de sel marin par jour.

Sur l'homme, on observe des effets semblables. « Le chlorure de sodium est éminemment digestif ; pris à petite dose, il augmente la sécrétion des acides de l'estomac. » (Herpin de Metz, *Études sur les Eaux minérales*, 1855, p. 204.)

Les savantes expériences dues à M. Poggiale (*Annuaire de Chimie*, 1848) sont venues démontrer son action précieuse sur les globules sanguins.

« Transporté dans le torrent circulatoire, le chlorure de sodium exerce une influence puissante sur la transformation des tissus ; cette action se manifeste à la fois par une augmentation dans toutes les sécrétions muqueuses, principalement celle des intestins, et par une plus grande activité des reins. Les urines sont alors plus abondantes et plus chargées de principes solides. » (Herpin, *ap. cit.* p. 143.)

Un des inspecteurs les plus célèbres qu'ait eu Vichy, le vénérable Prunelle, magistrat intègre autant que médecin éclairé, considérait les Eaux de Vals comme de beaucoup supérieures à celles dont il était inspecteur.

Nous avons conservé le religieux souvenir des preuves non équivoques d'affectueuses sympathies qu'il voulut bien nous donner. Cet illustre praticien nous adressait un très-grand nombre de malades, surtout lorsqu'il s'agissait d'attaquer les affections profondes, anciennes, opiniâtres, ou de relever les forces vitales des organes et de l'économie tombées dans un état d'atonie prononcée. Il tenait en grande considération la faculté qu'offrent les Eaux de Vals, de pouvoir, dans certain cas, commencer le traitement par une source faiblement minéralisée, la *Saint-Jean*, par exemple.

Plus tard, M. Durand-Fardel a donné, sous une autre forme, son sentiment, son appréciation sur ce sujet. L'éminent inspecteur des sources d'Hauterive regrette qu'il n'y ait pas de sources faiblement minéralisées à Vichy.

Nous croyons avoir démontré que s'il est vrai que la composition des Eaux de Vichy se rapproche des Eaux de Vals, qu'elles ont les mêmes applications thérapeutiques, elles diffèrent cependant sur des points très-importants qui font de ces dernières, quoique plus richement minéralisées, des Eaux plus *légères*, plus facilement *digestibles*.

Il en est des remèdes ce qu'il en est des aliments ; ceux qui nous font le plus de bien sont ceux que notre estomac digère le mieux, toutes choses égales d'ailleurs.

Des voix plus éloquentes que la mienne, mais non plus convaincues, pourront parler des Eaux de Vals, des ressources qu'elles offrent aux praticiens. Mais si une pratique médicale de plus de quarante ans, dont quinze aux sources de Vals ; si des soins donnés à un grand nombre de malades, si des faits nombreux, concordants, sont de quelque poids, j'aurai réussi dans l'entreprise que je me suis proposée et que ma conscience me dicte : je veux dire celle d'appeler l'attention de mes confrères sur un agent thérapeutique qui, je l'atteste, présente tous les avantages qu'offrent les Eaux de Vichy sans en avoir les inconvénients.

A mon âge, on n'est plus enthousiaste. Il y a longtemps que la neige des ans a blanchi ma tête. J'ai dit ce qu'une longue expérience m'a enseigné. J'ai accompli un devoir.

ANALYSE PAR M. O. HENRI

	SAINT-JEAN	PRÉCIEUSE	DÉSIRÉE	RIGOLETTE
Acide carbonique libre.	0,425	2,218	2,145	2,095
Bi-carbonate de soude.	1,480	5,940	6,040	5,800
— de potasse.	0,040	0,230	0,263	0,263
— de chaux.	0,310	0,630	0,571	0,259
— de magnésie.	0,120	0,750	0,900	
	MANGANÈSE	MANGANÈSE	MANGANÈSE	MANGANÈSE
— de fer	0,006	0,010	0,010	0,024
— de lithine	indice	indiqué	indice	indiqué
Chlorure de sodium	0,060	1,080	1,100	1,200
Sulfate de soude et de chaux.	0,054	0,185	0,200	0,220
Silicate et silice	0,070	0,060	0,058	0,060
Alumine, phosphate ter.	0,011			
Iodure alcalin	indice	indice	indice	traces
Arsenic ou arseniate.	sensible	indice	indice	traces
Matière organique.	peu	peu	peu	peu
	2,151	8,885	9,142	7,826

www.ingramcontent.com/pod-product-compliance
Lightning Source LLC
Chambersburg PA
CBHW050430210326
41520CB00019B/5873